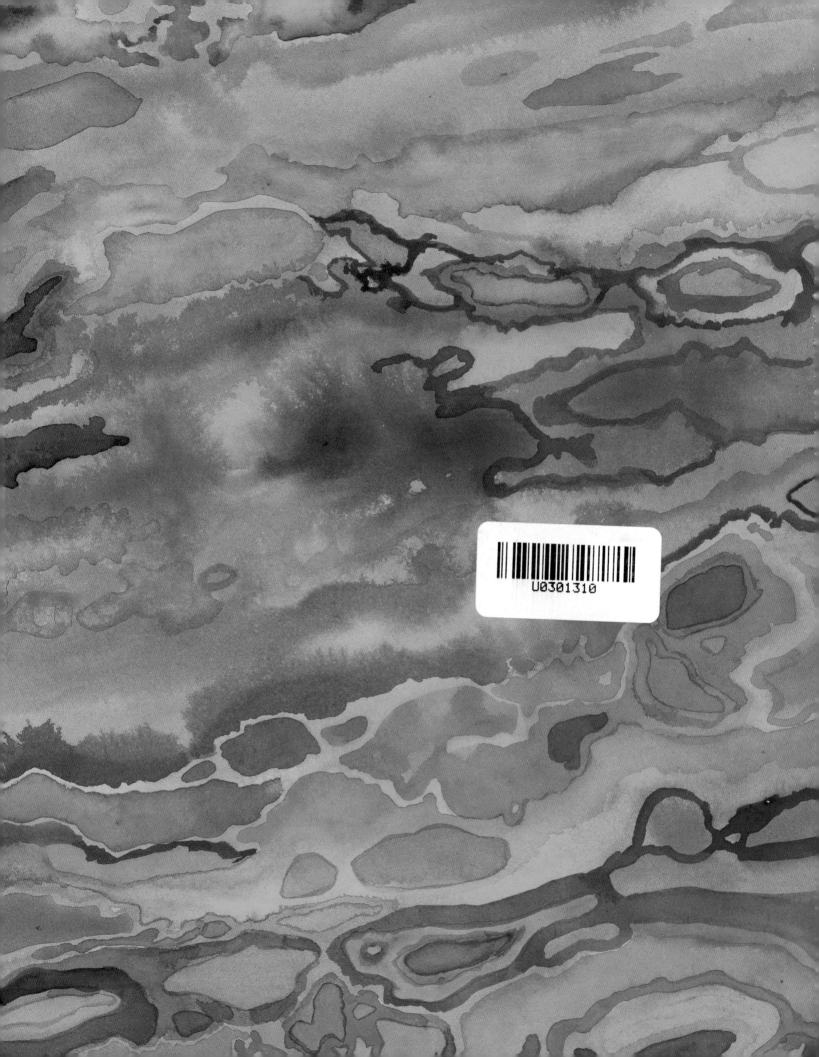

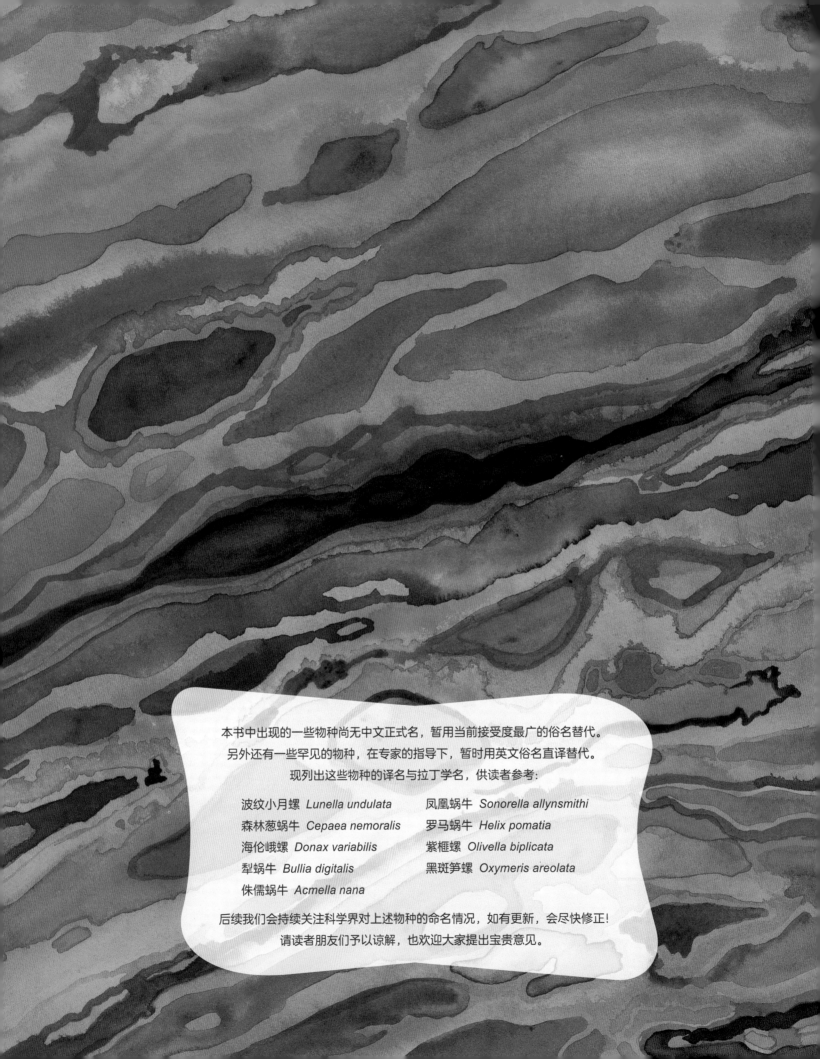

本书中出现的一些物种尚无中文正式名，暂用当前接受度最广的俗名替代。
另外还有一些罕见的物种，在专家的指导下，暂时用英文俗名直译替代。
现列出这些物种的译名与拉丁学名，供读者参考：

波纹小月螺 *Lunella undulata*　　　凤凰蜗牛 *Sonorella allynsmithi*
森林葱蜗牛 *Cepaea nemoralis*　　　罗马蜗牛 *Helix pomatia*
海伦峨螺 *Donax variabilis*　　　紫樱螺 *Olivella biplicata*
犁蜗牛 *Bullia digitalis*　　　黑斑笋螺 *Oxymeris areolata*
侏儒蜗牛 *Acmella nana*

后续我们会持续关注科学界对上述物种的命名情况，如有更新，会尽快修正！
请读者朋友们予以谅解，也欢迎大家提出宝贵意见。

图画选自"美丽成长"科普绘本丛书之《贝壳，如此舒适》

贝壳，如此舒适

波纹小月螺

献给坎迪·谢尔茨和马克·谢尔茨、坎迪·罗达克·希尔、布兰登一家、丽莎·金、西尔维亚·朗、维多利亚·洛克、萨拉·吉林厄姆、我在得克萨斯州阿兰萨斯港岛上的朋友们，以及编年史出版社（Chronicle Books）的整个项目团队。特别感谢休斯敦自然科学博物馆副馆长蒂娜·佩特韦的专业意见，以及研究助理凯蒂·麦克里利斯。

——黛安娜·赫茨·阿斯顿

献给苏菲和她的狗，以纪念在海滩上寻找玛瑙和彩色贝壳的美好时光。

——西尔维亚·朗

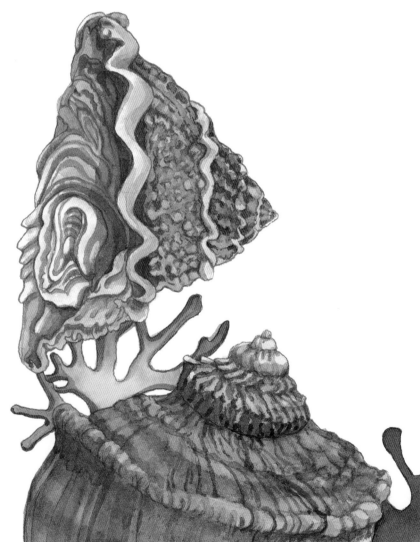

图书在版编目（CIP）数据

贝壳，如此舒适 /（美）黛安娜·赫茨·阿斯顿文；（美）西尔维亚·朗绘；贺苏晨译. -- 北京：海豚出版社，2024.3
（美丽成长）
ISBN 978-7-5110-6709-8

Ⅰ.①贝… Ⅱ.①黛… ②西… ③贺… Ⅲ.①贝类—儿童读物 Ⅳ.①Q959.215-49

中国国家版本馆CIP数据核字（2024）第008855号

版权合同登记号：图字01-2023-4871

出版人 王 磊

项目策划 奇想国童书
责任编辑 王 然 薛 晨
特约编辑 李 辉
装帧设计 李困困 李燕萍
责任印制 于浩杰 蔡 丽
法律顾问 中咨律师事务所 殷斌律师

出　版 海豚出版社
地　址 北京市西城区百万庄大街24号　邮　编 100037
电　话 010-68996147（总编室）　010-64049180-805（销售）
传　真 010-68996147
印　刷 北京利丰雅高长城印刷有限公司
经　销 全国新华书店及各大网络书店
开　本 8开（635mm×965mm）
印　张 5
字　数 20千
版　次 2024年3月第1版　2024年3月第1次印刷
标准书号 ISBN 978-7-5110-6709-8
定　价 49.80元

贝壳，如此舒适

[美] 黛安娜·赫茨·阿斯顿 文　　[美] 西尔维亚·朗 绘

贺苏晨 译

海豚出版社
DOLPHIN BOOKS
中国国际传播集团

浪纹小月螺

贝壳，如此舒适......

在这个舒适而坚固的庇护所里，
软体动物柔软又脆弱的身体蜷缩在里面，
既温暖，又安全。

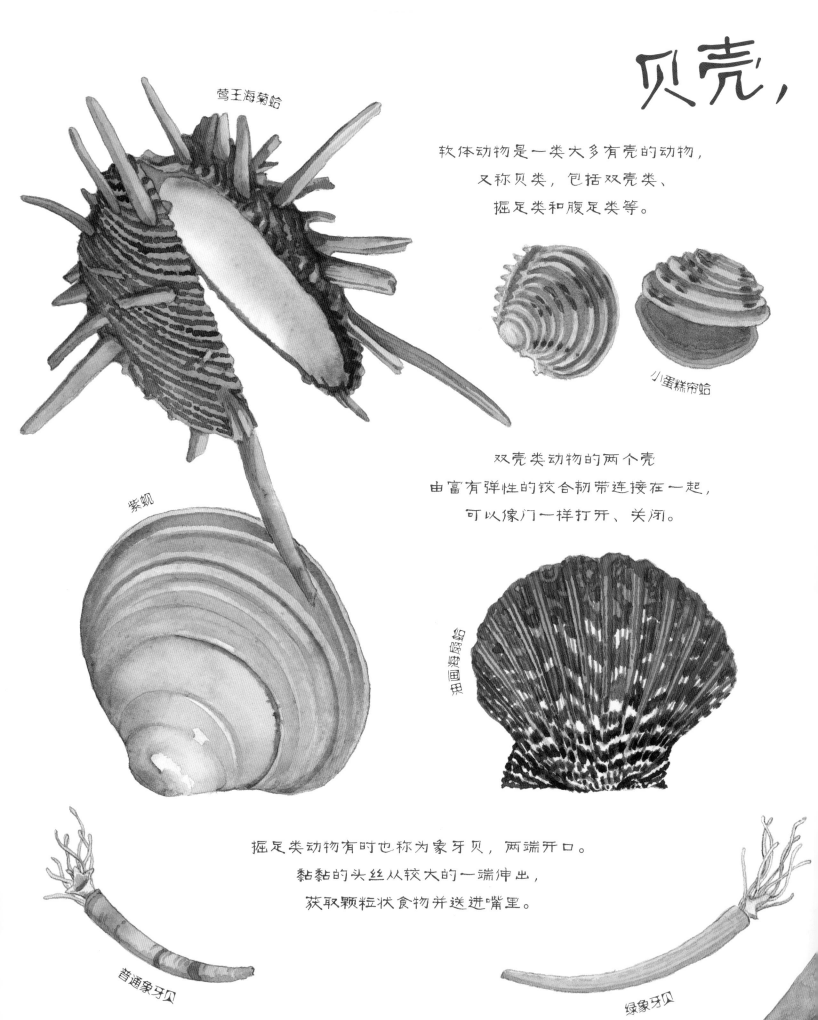

贝壳，

莺王海菊蛤

软体动物是一类大多有壳的动物，
又称贝类，包括双壳类、
掘足类和腹足类等。

小蛋糕帘蛤

双壳类动物的两个壳
由富有弹性的铰合韧带连接在一起，
可以像门一样打开、关闭。

紫蚬

艳画海扇蛤

掘足类动物有时也称为象牙贝，两端开口。
黏黏的头丝从较大的一端伸出，
获取颗粒状食物并送进嘴里。

普通象牙贝

绿象牙贝

绚丽多姿。

波缘蛛螺

七彩小女鼎螺

大多数腹足类动物只有一个开口，
开口处有一个像盖子一样的"门"，叫作厣（yǎn），
有的厣像指甲一样薄。
当遇到危险时，这扇"门"会迅速关闭。

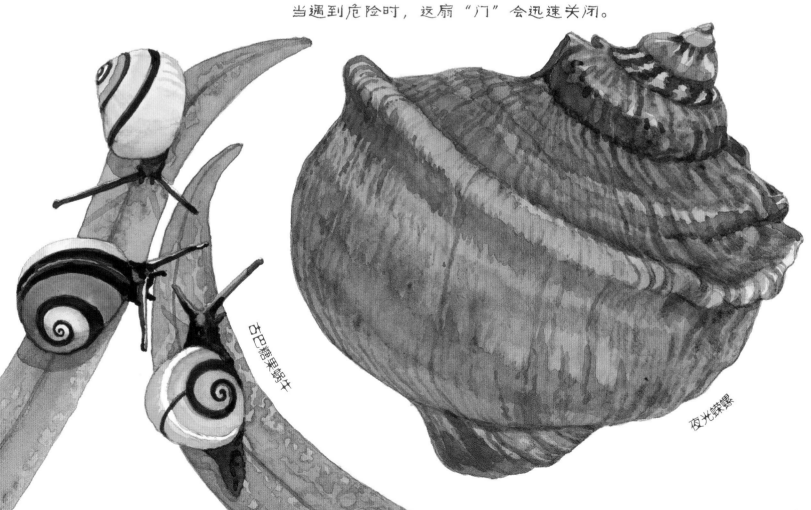

古巴糖果蜗牛

夜光蛛螺

贝壳，生儿育女……

女王凤凰螺在产卵

大多数软体动物的生命从卵开始，
有的卵栖息在土壤中，
有的卵附着在鳗草上轻轻摇摆，
有的蜷伏在卵囊里，还有的盘绕成一长串。

女王凤凰螺的卵排列成条状堆叠在一起，
每个卵团大约有50万粒卵。

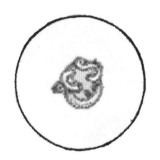

3~5天后，
卵孵化成微小的幼体。

8~10天后，
幼体发育出6个叶，
帮助它游泳。

21~40天后，
幼虫经变态发育[①]
成为小海螺（1~2毫米）。

一只女王凤凰螺需要3~5年
才能长到成贝尺寸——30.5厘米（约12英寸）。

女王凤凰螺成贝

①变态发育是指某些动物在胚后发育过程中，形态结构和生活习性方面所出现的一系列显著变化，亦即经幼体期而达到成体期的现象。

呵护有加。

软体动物有一层肉质膜，叫作外套膜，

可以分泌碳酸钙———一种造壳液体，

与空气或水接触会变硬。

随着分泌物层层累积，外壳逐渐增厚、变大。

外套膜也起到保护动物柔软脏器的作用。

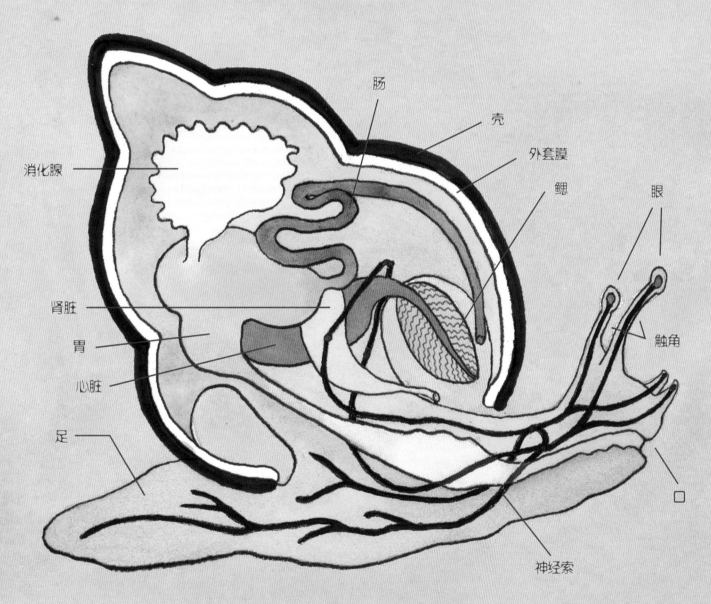

消化腺

肠

壳

外套膜

鳃

眼

肾脏

触角

胃

心脏

足

口

神经索

软体动物的基本结构

贝壳，无处不在。

淡水中有贝类动物生活，
它们会在泥浆中滑行，
也会附着在石头上；

咸水中也有贝类动物生活，
它们会在沙子和海水中疾跑，
也会躲在珊瑚礁中……

大砗磲

法螺

陆地上也有贝类动物生活，
它们有的爬到树梢上栖息，

七彩少女蜗牛

待在距离地面很高的地方，
以躲避下方饥饿的捕食者。

有的住在洞穴深处，还有的身处沙漠，需要躲避炎炎烈日。

圆顶陆地蜗牛住在地下深处黑暗的洞穴里，
它的壳是半透明或是完全透明的。

在温度极高的沙漠中，
贝类动物的壳通常是白色的，这种颜色能够最有效地反射阳光。

贝壳，
饥肠辘辘。

闪电玉螺

一些软体动物是食肉动物，以蠕虫、水母甚至其他软体动物为食。

它们许多都长着齿舌——一条带状的"舌头"，

上面布满成千上万颗锋利的牙齿。

它们可以用齿舌锯开其他动物的硬壳，吃掉里面多汁的软体。

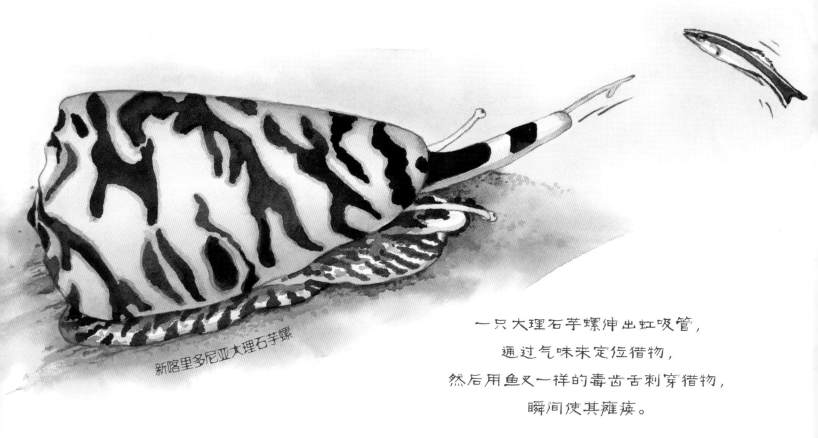

新喀里多尼亚大理石芋螺

一只大理石芋螺伸出虹吸管，

通过气味来定位猎物，

然后用鱼叉一样的毒齿舌刺穿猎物，

瞬间使其瘫痪。

有些软体动物是滤食性动物。

蛤蜊、扇贝和贻贝等动物用真空吸尘器似的虹吸管将水吸入鳃中，

借此摄取水中藻类和浮游生物等微小的食物。

森林葱蜗牛

石鳖

有些软体动物是食草动物，

它们的食物包括水果、

蔬菜和藻类。

法国大蜗牛

花园葱蜗牛

罗马蜗牛

贝壳，矫健灵活。

美国海扇蛤"拍"着它们的壳，
迅速地游开，
以躲避蟹类和海星等食肉动物的追捕。

美国海扇蛤

尖膀胱螺

静水椎实螺

海伦峨螺

一些淡水贝类可以倒挂于水面，
借助胶质的黏液附着在水面上。

女王凤凰螺

女王凤凰螺将其镰刀状、带锯齿的厣挖进沙子里，
肌肉发达的足此时向前伸展，
然后像体操运动员一样扑腾翻滚，
以躲避捕食者。

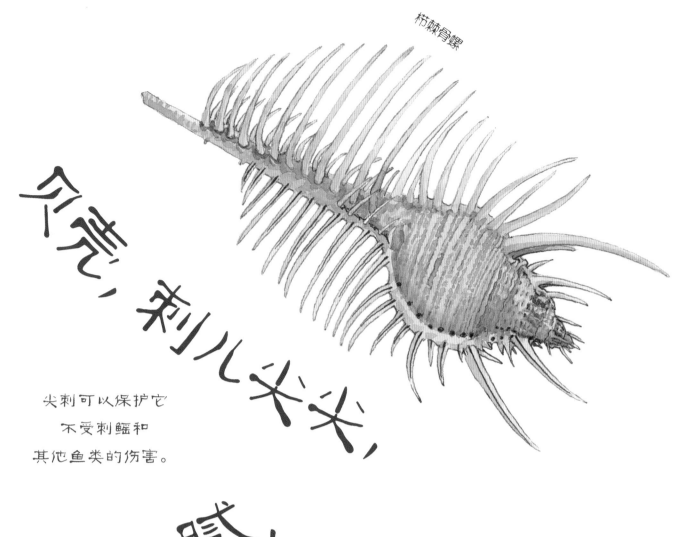

栉棘骨螺

贝壳，刺儿尖尖，

尖刺可以保护它
不受刺鳐和
其他鱼类的伤害。

光滑细腻，

深沟凤螺

紫框螺

黑斑笋螺

海伦蛳螺

粗锥牛

光滑而狭窄的贝壳
可以轻松滑入沙子或泥浆中，
就像水通过水管一样容易。

天使之翼海鸥蛤

锋利强劲,

天使之翼海鸥蛤用壳上的齿状脊在
海泥中钻洞,建造自己的家。
它安居家中,只需伸出虹吸管,
就能捕食微小的生物。

甚至绒毛遍布!

弗吉尼亚蜗牛壳短而硬的绒毛上
总是粘着蜘蛛网和一些泥垢,
以帮助它伪装。

弗吉尼亚蜗牛

贝壳，艺术之美。

文艺复兴时期，有一幅著名的画作——
罗马神话中的女神维纳斯
站在扇贝贝壳上，从海上冉冉升起。
时装设计师克里斯汀·迪奥受此启发，
设计了一款名为"维纳斯"的舞会礼服，
礼服上的银色网纱看起来就像海浪泛起的泡沫，
裙摆的设计则仿照了贝壳的形状。

克里斯汀·迪奥"维纳斯"礼服，1949

当代爵士音乐家史蒂夫·图雷
在他的唱片中演奏了海螺乐器，
当年他的阿兹特克祖先
在宣告时间、发布公告
或号召开战时使用的
也是这种乐器。

华兹塔，洛杉矶

洛杉矶标志建筑——华兹塔
装饰着约10,000枚贝壳。
这座建筑由意大利移民西蒙·罗迪阿
在20世纪上半叶建造而成，
已被列为美国国家历史地标。

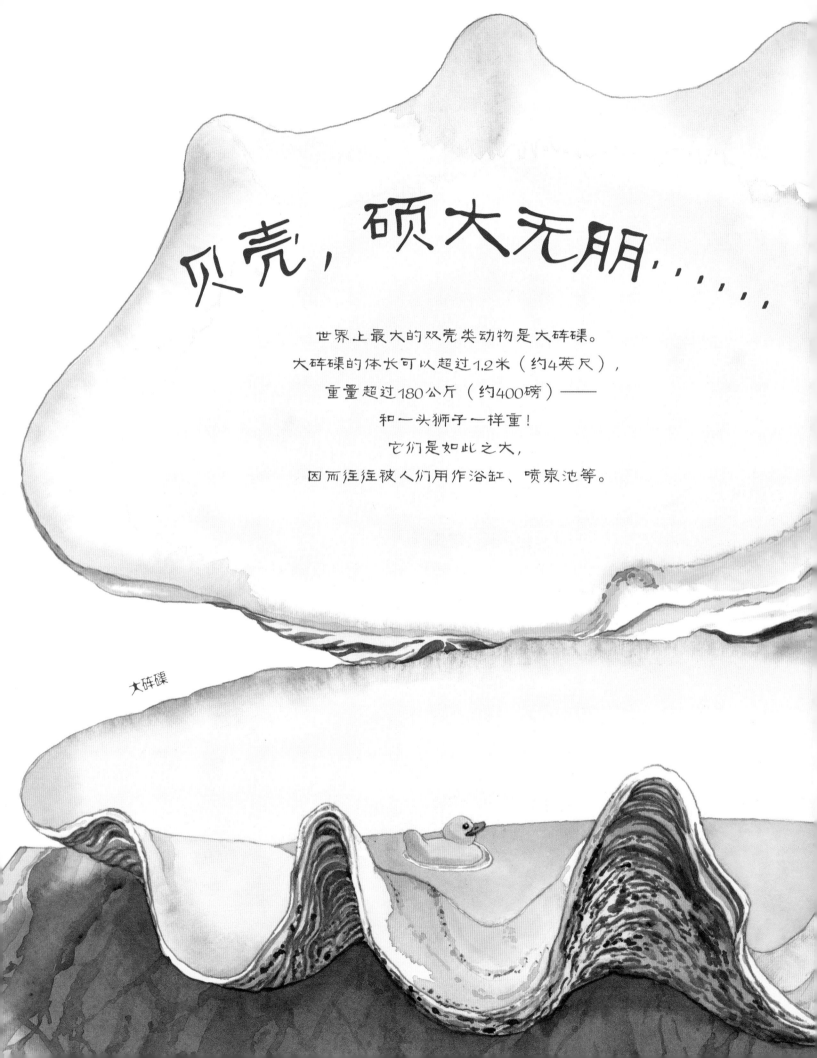

贝壳，硕大无朋······

世界上最大的双壳类动物是大砗磲。
大砗磲的体长可以超过1.2米（约4英尺），
重量超过180公斤（约400磅）——
和一头狮子一样重！
它们是如此之大，
因而往往被人们用作浴缸、喷泉池等。

大砗磲

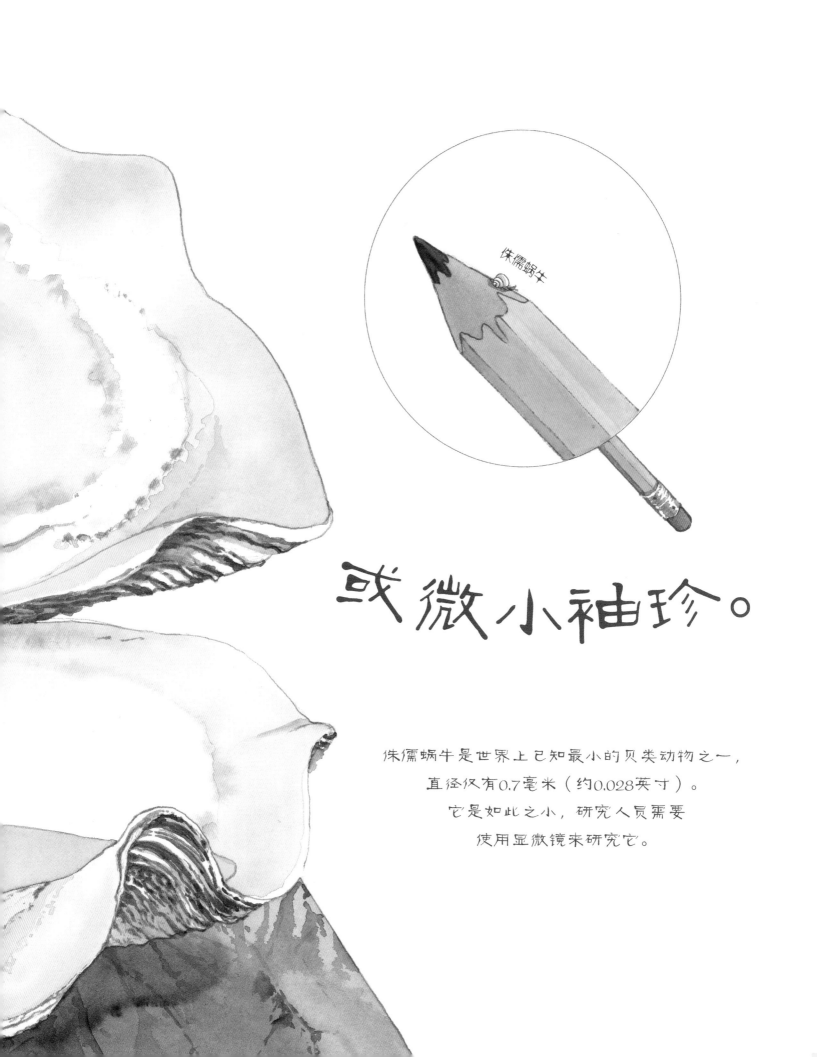

侏儒蜗牛

或微小袖珍。

侏儒蜗牛是世界上已知最小的贝类动物之一，
直径仅有0.7毫米（约0.028英寸）。
它是如此之小，研究人员需要
使用显微镜来研究它。

贝壳，弥足珍贵……

贝壳是最古老的货币形式之一。

人们用贝壳换取食物、土地、武器和独木舟等必需品。

在世界许多国家的硬币上，都能找到贝壳图案。

苏美尔人的贝壳币

尤罗克角贝币

青铜贝币

鸟蛤（罗马）

扇贝（希腊）

宝螺（中国）

带有贝壳图案的硬币

巴哈马银币

ONE DOLLAR

（海螺）

澳大利亚纪念银币

AUSTRALIAN ABALONE SHELL

（鲍鱼）

当一小块贝壳碎片或小动物被困在
贝壳里时，它可能会形成一颗珍珠，
小的像豌豆那么小，
大的像高尔夫球那么大……
而且还可能是粉红色的！

瓦努阿图硬币

法螺

VATU

鹦鹉螺

MILLENNIUM 2000

50 VATU

新几内亚大碎磲贝币

淡水牡蛎珍珠

鱼钩

鹤嘴锄

箭头或矛尖

锤子

锥子

刮刀

又无比实用。

从史前时代开始，
人们就用贝壳制作工具、
油灯和鱼钩等日用品。

锄头

油灯

当一只软体动物的生命结束时——

曾经在海洋中漫游、
在河流中翻滚、
在沙漠中爬行的它，
把空壳留了下来。
空壳成为鱼类的育婴房、
章鱼的藏身所，
或者寄居蟹的新家。

然后，它的外壳
再次变得——

寄居蟹

温暖舒适！

夜光蝾螺

黑斑笋螺

斧蛤

小蛋糕帘蛤

绿象牙贝

栉棘骨螺

紫框螺

弗吉尼亚蜗牛

天使之翼海鸥蛤

森林葱蜗牛

新喀里多尼亚大理石芋螺

侏儒蜗牛

深海凤螺

法国大蜗牛

七彩少女蜗牛

尖膀胱螺

油画海菊蛤

波纹小月螺

花园葱蜗牛

凤凰骨螺

美国海羽蛤

鲍鱼

女王凤凰螺

海伦哦螺

法螺

古巴糖果蜗牛

普通象牙贝

波缘蛛螺

圆顶陆地蜗牛

紫骨

闪电玉螺

大砗磲

莺王海菊蛤

静水椎实螺

罗马蜗牛

梨蜗牛

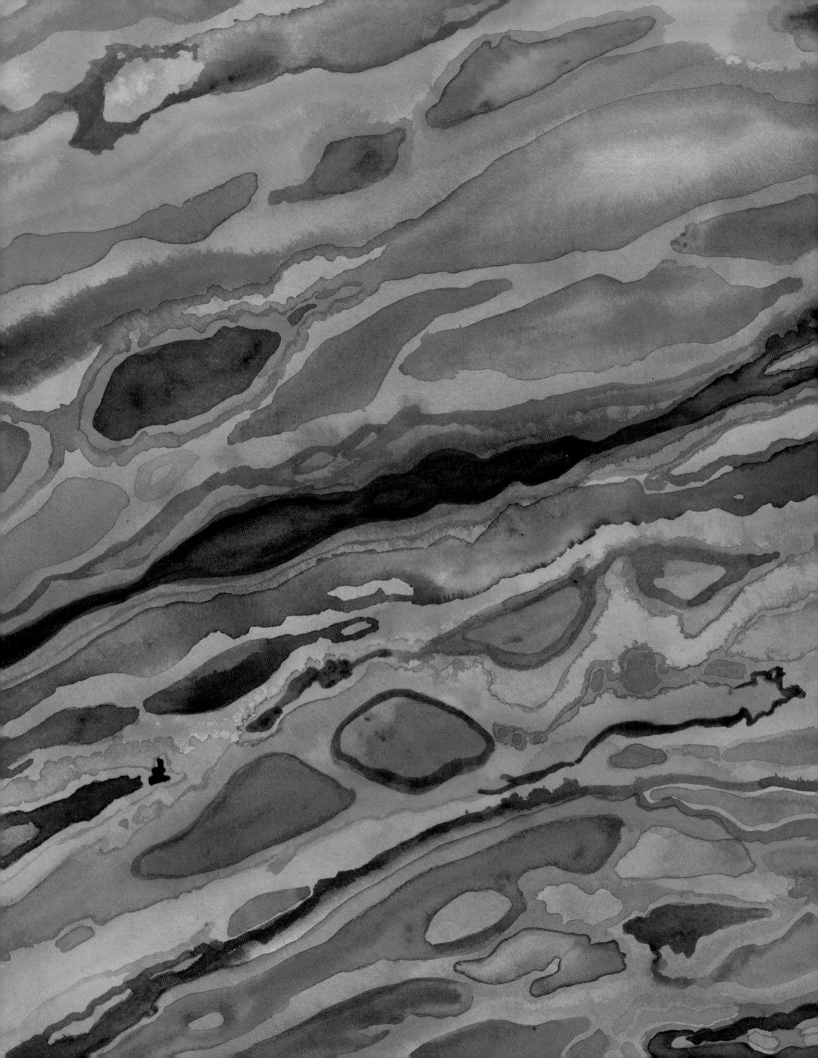